制作简单，好看又好吃！

可爱杯子蛋糕

（日）本桥雅人　著
谭颖文　译

U0326116

辽宁科学技术出版社

沈阳

作 者 的 话

Anniversary开始出售杯子蛋糕的契机，要追溯到2005年，当时在店的周边，有好几间杯子蛋糕的专卖店，以磅蛋糕为基础，用色彩缤纷的奶油装饰成的杯子蛋糕，正是美国甜点的代表。

结合美国杯子蛋糕的小巧可爱和日本蛋糕的精致美味，诞生了Anniversary的杯子蛋糕。

以受欢迎的水果蛋糕、蒙布朗、起司蛋糕为基础，用奶油、水果、马卡龙等，装饰成可爱的杯子蛋糕，特别是动物脸部表情的蛋糕，还有以花为主题设计的杯子蛋糕，都很受客人喜爱。

杯子蛋糕受欢迎的最大因素，就是漂亮可爱的外观，并且只要使用一支汤匙就能享用，较一般蛋糕来得简便多了。

做法和使用的工具也都非常简单，大家可以轻松地享受制作的乐趣。第一次挑战的人，不用准备一堆材料，可以利用市售预拌粉，制作出蛋糕基底。

逐渐上手熟悉之后，请挑战看看，使用当季的食材，制作出应景应节的杯子蛋糕。无限扩展自己的灵感。杯子蛋糕的世界将变得更深更广。请您一定要试着做做看，一定能做出"世界上独一无二"，既美味又可爱的杯子蛋糕。

Anniversary　本桥　雅人

本桥 雅人（Masahito Motohashi）

1958年出生于日本埼玉县。在"cerisier"和"malmaison"等名店工作一段时间后，远渡英国，学习以糖工艺为主的洋果子。1990年开设洋果子店"Anniversary"，该店铺的糕点主要以结婚蛋糕等特殊节日为主题。现在除了经营南青山店、早稻田店、札幌圆山店之外，还在洋果子教室担任教学工作。他是日本糖工艺的泰斗，就结婚典礼蛋糕的设计师来说也是日本国内数一数二的人选，并著有多部作品。

目录 **Contents**

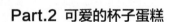

Part.1 基本的杯子蛋糕

●装饰

Part.2 可爱的杯子蛋糕

下午茶杯子蛋糕

Part.3 健康的杯子蛋糕

Part.4 当季的杯子蛋糕

Column

纪念日的杯子蛋糕

●本书使用提示

书中使用600W的微波炉，加热时间依机种有所不同，请加以调节。另外，烤箱的加热温度，加热时间，烤出来的成品，也会依机种而有所不同，敬请加以调节。

制作杯子蛋糕的主要材料

制作杯子蛋糕主要的材料是面粉、鸡蛋、牛奶和黄油。
在这里介绍基本的以及较少见的材料。请配合食谱来选择使用。

● 粉类

低筋面粉

应用广泛，大部分的甜点都必须使用，常用来制作海绵蛋糕、饼干等。

米粉

将米研磨成粉末状，除了使用在日式点心外，可替代面粉，制作甜点或面包。

杏仁粉

将杏仁去皮后磨成粉末状，请选包装上为"Almond Powder"字样，且无糖分的，最常用来制作马卡龙。

可可粉

可可粉是从可可豆中将可可油脂固态成分做成粉末状，风味佳，常添加在蛋糕或饼干面糊里。

抹茶粉

鲜艳的绿色和茶所特有的香味，广泛运用在羊羹、蛋糕卷和冰淇淋等日式点心和西式点心中。

南瓜粉

将当季的南瓜在不损失营养素、风味、鲜艳的颜色下做成超细粉末。混在饼干面糊和面包面粉中使用。

紫芋粉

将当季的紫芋在不损失营养素、风味、鲜艳的颜色下做成超细粉末。混在饼干面糊和面包面糊中使用。

艾草粉

将艾草嫩叶干燥后，再磨成粉状。具有芬芳的香气，常使用在艾草干、草团子等日本点心中，西式点心也可视个人喜好加入。

● 砂糖·甘味料

细砂糖

制作西式点心时最常使用。干燥疏松，没有异味的甘甜，常常使用在蛋糕和糖浆中。推荐使用细粒细砂糖。

糖粉

细微粉末状，干燥疏松。很容易和水拌溶，常使用于糖霜或马卡龙制作中。也叫"防潮糖粉"。

枫糖粒

以100%的枫糖做成，富含天然矿物质，是一种健康的甘味料。

麦芽糖

从淀粉提炼出来的无色透明糖。这种袋状包装可挤压出来使用，称重也很方便。

● 巧克力

耐热巧克力豆
混在玛芬、蛋糕、面包的材料中拌匀后，用烤箱烘烤，具有不易熔化的特性。

耐热白巧克力豆
小巧可爱，可以混在材料中一起烘烤，或是当成装饰材料来使用。

覆盖用巧克力
不需做温度调节，是专门用在覆盖作业上的西式生巧克力，只需简单地隔水加热，即可浇淋覆盖在点心上。

塑形巧克力
加工用的白色巧克力，可以延展成薄片形，可制作娃娃或花等装饰品，非常方便。

● 坚果＆水果干

杏仁
具有脆脆的口感和芳香，是做点心时常常使用的坚果。除了一整颗之外，还有粒状、片状、粉末状等。

核桃
脂肪含量多，生的或干燥的都能食用。可以活用独特的形状作为装饰用，或者切碎混在饼干面粉里。

南瓜子
南瓜子常运用在零食或点心制作里，含有高蛋白质、高热量并富含矿物质，稍微烤后使用。

草莓干
冰冻干燥的草莓。具有颗粒状的口感，使用在饼干、玛芬、磅蛋糕等种类的西点制作中。

柚子水果干
用砂糖腌渍的柚子皮，可以享受到柚子的味道和芳香。常使用在玛芬、磅蛋糕中。

砂糖腌渍樱桃
樱桃去核后用砂糖腌渍，并染成红色。常使用在磅蛋糕和饼干中。

● 其他

泡打粉
可以让点心和面包膨胀，要让成品蓬松，是不可或缺的材料。购买时，要选购不含铝成分的泡打粉。

食用色素
使用在甜点的面糊或鲜奶油的调色上。液体的可以直接使用，粉末状的则需先溶于水中再使用。

制作杯子蛋糕的主要器具

在这里介绍制作杯子蛋糕时需要准备的器具。

购买时，不要只注重外观，更重要的是，要挑选实用且具备耐久性的器具。

玛芬模

请放入纸模后使用。

纸模

厚度较薄的需放入玛芬模中，烘烤时才不会变形。具有耐热性且硬度较强的纸模，可以放在烤盘上，直接进入烤箱中烘烤。

挤花袋和挤花嘴

填入杯子蛋糕面糊或装饰用鲜奶油霜，操作时更便利。使用前要从内侧装入圆形或星形挤花嘴，再填入材料。

调理盆

混合搅拌材料时使用的工具，制作点心时不可或缺，有不锈钢制、玻璃制等。准备数个大小不同的调理盆，在做点心时比较方便。

橡皮刮刀

在混拌材料或将面糊倒入模型中时使用，也可将粘在调理盆内侧的面糊和鲜奶油霜刮干净。

手持打蛋器

打发鲜奶油、蛋白和混合食材时使用。

电子秤

正确地计量分量是做点心的基础。请选用以0.1g为最小单位的电子秤。

筛网

将粉类过筛避免结块，或者过滤果酱和果渣，以及压干蔬菜时使用。

电动打蛋器

这里指的是电动搅拌器，比起使用手持打蛋器，电动打蛋器可以做高速搅拌。可以迅速地打发鲜奶油和蛋白霜，非常方便。

铁网架

放置烤好的杯子蛋糕予以冷却，或用来放置蘸糖霜、巧克力等装饰时使用，加速凝固的速度，可以用蒸网代替使用。

Part.1

基本的
杯子蛋糕

充满奶油和鸡蛋的芳香，其柔顺的口感是玛芬的
魅力所在；戚风蛋糕则是具备恰到好处的甜味，
并在口中轻轻溶化。在这里介绍这两种基底蛋糕
的做法。另外，还有鲜奶油霜、糖霜、饼干等装
饰时会使用到的材料的做法。

原味玛芬

基础的原味玛芬使用了少许泡打粉，特征是具备甜味。充满奶油、鸡蛋、香草的芬芳和松软滑顺的口感，深深让人着迷。只要学会基础玛芬的做法，再加以应用，制作的范围将会更为宽广。

Muffin
Cupcakes

材料（直径5cm×高3cm的纸模6个）

鸡蛋……1个
麦芽糖……8g
细砂糖……72g
无盐黄油……55g
牛奶……60g
低筋面粉……150g
泡打粉……6g
香草荚……1/10根

事前准备

●将低筋面粉和泡打粉混合过筛。
●黄油隔水加热熔化，静置待稍凉。
●在玛芬模内放入纸模。
●烤箱预热至180℃。

做法

1 在调理盆中放入蛋、麦芽糖，再倒入细砂糖。

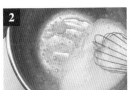

2 用打蛋器搅拌至颜色稍微变白。

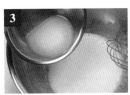

3 加入奶油，搅拌均匀。

4 加入牛奶，搅拌均匀。

5 将香草荚切开，刮出香草子，将香草子放入做法4中，混拌均匀。

6 将事先筛过的粉类材料，再次边过筛边加入调理盆中。

7 打蛋器从中心开始混拌。

8 中心部分拌匀后，一边转动调理盆，一边将整体快速混拌均匀。

9 换成刮刀，仔细地将调理盆周围和底部的材料混合均匀，面糊就完成了。

10 将面糊舀入纸模中，约7分满即可。

11 放入180℃的烤箱中，烘烤20分钟。在中心处插入竹签，不会粘黏面糊时，就完成了。

小贴士

关于纸模

如果使用玻璃纸等柔软的材质时，要放在玛芬模中，再舀入面糊，并放入烤箱中烘烤；如果使用硬度较高的纸模时，可直接舀入面糊，并在烤盘中等间距排列，烘烤时热度才会一致。

原味戚风蛋糕

戚风蛋糕的特点是，具有柔和的甜味，如同羽毛般松软绵密的口感，请在杯子蛋糕中好好品尝它的美味！正因为质样单纯，所以能够融合各种香味，这也是它的魅力所在。制作时要特别注意蛋白打发时的掌控，请试着做做看吧！

Chiffon
Cupcakes

材料（直径4.5cm×高4cm的纸模8个）
- 蛋黄……1个
- 细砂糖……7g
- 色拉油……16g
- 牛奶……20g
- 低筋面粉……24g

泡打粉……0.2g
- 蛋白……48g
- 细砂糖……20g

事前准备 ───────
- 将低筋面粉和泡打粉混合过筛。
- 烤箱预热到180℃。

做法

1 调理盆中放入蛋黄、细砂糖，混合搅拌均匀。

2 在另一个调理盆中放入色拉油、牛奶，隔水加热至50℃。

3 将做法2倒入做法1中，用打蛋器搅拌，利用牛奶的热度熔化细砂糖。

4 事先筛过的粉类材料，再次边过筛边加入调理盆中，用打蛋器搅拌均匀。

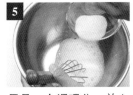

5 用另一个调理盆，放入蛋白，加入两撮细砂糖，用打蛋器打出泡沫后，加入剩下的细砂糖的1/3量，继续打发。

6 当打蛋器刮过表面，出现线条时，加入剩下细砂糖的1/2量，继续打发至产生线条后立刻消失的状态。

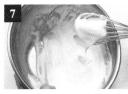

7 加入剩下的细砂糖，打发至出现光泽并有挺立的尖角出现为止，此时蛋白霜就完成了。

8 在做法4中加入1汤匙做法7的蛋白霜，用打蛋器仔细混合拌匀。

9 剩下的蛋白霜用打蛋器轻轻混拌，全部加入做法8中，再用刮刀将整体搅拌均匀。

10 将做法9填入挤花袋中，再挤入纸模中，每个约18g。将纸模小心地在桌面上敲打，去除气泡，放入180℃的烤箱中，烘烤12分钟，至表面裂缝带有些许焦痕即完成。

11 烘烤完成后立刻将纸模倒放在网架上，静置放凉。

小贴士
刚烤好的戚风蛋糕非常蓬松柔软，从烤箱取出后，要立刻将纸模倒放在网架上，静置至冷却。如果没有这样处理的话，蛋糕会萎缩变小，这点请多加注意。

装饰①
奶油蛋白霜

奶油的浓醇风味、在嘴里溶化的口感，增添了奶油蛋白霜的魅力，也是装饰杯子蛋糕时不可或缺的重要角色。具有容易着色的优点，非常适合作为装饰素材。

材料
蛋白……81g
糖粉……162g
无盐黄油……306g
起酥油……90g

事前准备 ————————
●奶油置于室温软化，达到用指头就能轻松按出压痕来的柔软度。

做法

1 在调理盆中放入蛋白，加入糖粉。

2 用打蛋器仔细混合搅拌。

3 直接放在炉火上，边加热边用打蛋器混合搅拌。

4 混拌至约50℃时熄火。

5 用滤网过筛。

6 用电动打蛋器高速打发至有光泽、体积增加为止。

7 一点一点加入软化过的黄油，边用电动打蛋器以中速打发。

8 加入起酥油，拌匀打发。

9 将电动打蛋器调成低速，拌匀打发至粗泡沫消失。

10 完成。

装饰②
鲜奶油霜

鲜奶油霜是用在涂抹、浇淋或挤出造型等用途上，在装饰时是不可或缺的材料，使用乳脂含量45%和18%的鲜奶油混拌调和，再做打发。

材料

鲜奶油（乳脂含量45%）……300g
鲜奶油（乳脂含量18%）……150g
细砂糖……45g
香草精……1g

事前准备 ————
●准备一盆冰水备用。

做法

调理盆中放入鲜奶油（两种），再放在事先装了冰水的调理盆中。	加入细砂糖。	加入香草精。

将调理盆稍微倾斜，一边冷却调理盆底部，一边用电动打蛋器打发。	涂抹用的鲜奶油霜要打发至提起打蛋器会浓稠地滴落，表面出现不明显线条，然后消失的程度。	用来挤出造型时，要打发至有相当的浓稠度，提起电动打蛋器时，会清楚地留下线条的程度。

着色

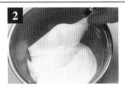

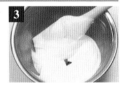

添加用水溶化的食用色素，要看上色情况一点一点地慢慢加入。	用刮刀混合搅拌均匀。	混合两色以上时，要依序混合各色，并视上色情况慢慢加入。

涂抹·挤出

要在表面涂抹时，将玛芬上部朝下浸入鲜奶油霜中，蘸满为止。	拿起玛芬，在桌子上轻轻敲打，去掉鲜奶油霜的棱角，使表面光滑。	要挤出造型时，填入装了挤花嘴的挤花袋中，再挤出造型来装饰。

装饰③
卡士达奶油酱

除了泡芙内馅外，还常用在挞、派等点心上，有时也会混合奶油蛋白霜和鲜奶油霜等来制作。熬煮时为了防止烧焦，过程中要不断地搅拌。

材料

牛奶……400g
淡奶油……100g
香草荚……1/3根

蛋黄……5个
细砂糖……100g
低筋面粉……50g

事前准备

● 将低筋面粉过筛备用。

 做法

1 锅中放入牛奶、鲜奶油，香草子剖出，和香草荚一起放入锅中，煮至沸腾。

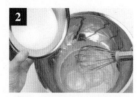

2 调理盆中放入蛋黄，边搅拌边将砂糖分数次加入。

3 混合搅拌均匀，打发至颜色泛白为止。

4 事先筛过的面粉，再次边过筛边加入调理盆中，混合搅拌均匀。

5 将做法1材料分数次加入，每次加入都要拌匀。

6 用滤网过筛到锅中。

7 边用中火加热，边用打蛋器搅拌，以防止结块。

8 变得浓稠沉重后，继续混合搅拌。

9 当锅子周边噗噗地，奶油酱的弹性消失，呈现柔顺有光泽的样子时熄火。

10 倒入托盘中，用刮刀薄薄地铺平。

11 为了防止表面干燥，要用保鲜膜紧密盖好，静置至冷却。

12 完成了。使用时要先用刮刀仔细拌匀，让整体呈现绵密滑顺状。

装饰④
糖霜

可涂在蛋糕表面，或是当作饼干装饰时的黏合剂，糖霜要放在挤花袋中。改变挤花嘴的大小来涂抹，有时还会用来描绘细的线条。

材料

糖霜
- 蛋白……35g
- 糖粉……250g

糖浆
- 细砂糖……70g
- 水……100ml

事前准备 ———
- 将糖粉过筛备用。
- 锅中放入细砂糖、水，煮滚后完成糖浆，静置待冷备用。

 做法

1 调理盆中放入蛋白，再加入已过筛的糖粉。

2 电动打蛋器不启动开关，先大致混合搅拌。

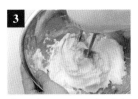
3 电动打蛋器以高速打发，约15分钟。

4 仔细搅拌至绵密柔滑，出现光泽。再用糖浆调节，直到喜欢的硬度。

5 用来涂抹时，要打发至用刮刀舀起，自然滴落时呈现的线条能与下方的糖霜缓缓融合的程度。

6 要放入挤花袋时，须继续打发至用刮刀舀起时，会有角度挺立、缓缓弯下的程度。

圆锥形挤花袋的做法

1 裁成长方形的烘焙纸，如照片所示，对折成2等份。

2 将直角的部分向上，底边的正中央用左手拿起，边缘用右手拿着。

3 将左手握着的地方当作顶点，用右手卷起烘焙纸。

4 要让挤花袋的尖端成尖角，一边卷起一边做调节。

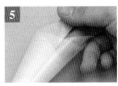
5 一开始卷起的边和最后卷完的边要重叠成一直线。

6 烘焙纸最后卷完的边往内侧折入固定。

装饰⑤
饼干

饼干材料中加入杏仁粉，香酥美味。可以用薄荷糖珠、银色糖珠等装饰，也可以用糖霜描绘花样。另外，使用巧克力来涂抹也很有趣。

材料（约30片）

无盐黄油……250g
糖粉……175g
盐……5g
香草精……3g

鸡蛋……1个
杏仁粉……100g
低筋面粉……400g

事前准备 ─────

● 鸡蛋、奶油放在室温下。
● 低筋面粉、糖粉分别过筛备用。
● 烤箱预热至180℃。

做法

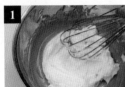

1 黄油放入调理盆中，用打蛋器搅拌至呈乳霜状。

2 放入糖粉、盐，混合搅拌至泛白，加入香草精，混合搅拌均匀。

3 鸡蛋打散，分3次加入，每次加入都要搅拌均匀，注意勿油水分离。

4 加入杏仁粉，将事先筛过的面粉再次边过筛边加入调理盆中。

5 用刮刀切拌混合均匀，直到无粉末感即完成。

6 放入保鲜膜中擀平，再放入冰箱中，静置冷藏1~2小时。

7 切开保鲜膜底部和一边，摊开，在上方将面团擀成厚约0.3cm的面片。

8 放入冰箱冷冻30分钟，面团变硬后，用饼干压模压出形状。

9 烤盘上铺上烘焙纸，等间距地放上饼干面片，放入烤箱中，用180℃烘烤13~15分钟即完成。

装饰⑥
巧克力装饰

在这里介绍能够简单地制作出巧克力装饰的方法。
重点是要使用不需要温度调节的覆盖用巧克力和很
容易就能做出造型的塑形巧克力。

巧克力装饰片

材料
覆盖用巧克力……适量

事前准备
●在烤盘上贴上烘焙纸备用。

做法

1 在调理盆中放入覆盖用巧克力，隔水加热。

2 停止隔水加热，用刮刀仔细混合搅拌。

3 用模具做出造型装饰片时，将2倒在烤盘上，用刮刀刮平。

4 待巧克力凝固至触摸表面会留下指纹的硬度时，用模具压出形状。

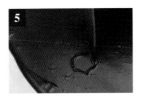

5 也可以用刀子切出喜欢的形状。

6 使用挤花袋时，将2放入挤花袋里，在烘焙纸上描绘，待凝固后再剥下。

巧克力立体造型

材料
塑形巧克力……适量
食用色素……适量

做法

1 用手搓揉至柔软度均等的状态。

2 一边看情况，一边少量添加食用色素。

3 用手仔细搓揉，着色成喜欢的颜色。

4 用擀面杖擀成均等的厚度，再做成喜欢的形状。

5 将前端折成M形后聚拢，可做出半边蝴蝶结。

纪念日的杯子蛋糕①

送给宝宝的生日礼物！希望宝宝快乐健康地成长……

Hello! Baby

 做法

1 参照鬼脸糖霜杯子蛋糕（P.37）来制作玛芬。

2 将用黄色和红色的食用色素调出的糖霜，滴在玛芬表面，做出脸庞。

3 头部用淡咖啡色糖霜画出水滴形，头发和眼睛用咖啡色、脸颊用粉红色糖霜来描绘。

4 奶嘴部分，先用糖霜画出圆点，上方再用黄色糖霜画出椭圆形。

5 在陶器的容器上用蓝色的糖霜描绘出蕾丝及花朵，中间放入玛芬即完成。

Part.2

可爱的
杯子蛋糕

小巧的杯子蛋糕，使用了鲜奶油霜和糖霜来装饰，实在太可爱了，让人不由地会心一笑。在生日或纪念日等值得庆祝的日子里，不妨尝试制作特别的杯子蛋糕，除了增加生活的乐趣外，当作礼物送人，也很讨喜！

动物杯子蛋糕

在玛芬上方加上鲜奶油霜和巧克力装饰片，
立刻就能变身成可爱小巧的动物杯子蛋糕！
做好后真让人舍不得吃进嘴里呢！

（做法见P.24）

Animal Cupcakes

狮子

材料（直径5cm×高3cm的纸模6个）
果酱大理石花纹玛芬……6个
　鸡蛋……1个
　麦芽糖……8g
　细砂糖……72g
　无盐黄油……55g
　牛奶……60g
　低筋面粉……150g
　泡打粉……6g
　蓝莓果酱……60g
　※用柑橘果酱或覆盆子果酱代替也
　很美味。
鲜奶油霜（参照P.15）……适量
巧克力鲜奶油霜
　巧克力鲜奶油（市售）……适量
　奶油蛋白霜（参照P.14）……适量
　食用色素（黄色·红色·咖啡色）
　……各适量

做法

1　参照**基本的原味玛芬**（P.10）制作出大理石花纹玛芬。除了做法**5**外（这里不加香草子）。做法**1~9**均相同。

2　用汤匙将面糊舀入纸模中，至一半高度时，将蓝莓果酱40g均分放入，轻轻搅拌均匀。

3　再舀入面糊至7分满，将蓝莓果酱20g均分放在中心，用刀子在表面轻割出大理石花纹。

4　放入180℃的烤箱中烘烤20分钟。

5　将鲜奶油霜用黄色及红色的食用色素着色成鲜黄色，放在冰箱中冷藏，使用前用打蛋器调节硬度。

6　将4烤好的玛芬，上部朝下浸入鲜奶油霜中，蘸满后拉高，让多余的鲜奶油霜自然滴落（**a**）。

7　在桌子上轻轻敲打，去掉鲜奶油霜的棱角（**b**）。

8　将奶油蛋白霜一部分着色成咖啡色（眼睛用），另一部分着色成粉红色（脸颊用）。

9　将巧克力鲜奶油隔冰水打发成巧克力鲜奶油霜。

10　将鲜奶油霜填入装了圆形挤花嘴的挤花袋中，在7的玛芬中心挤出鼻子。将9的巧克力鲜奶油霜填入装了圆形挤花嘴的挤花袋中，在周围挤出一圈水滴形的毛（**c**）。

11　将**8**的奶油蛋白霜分别填入挤花袋中，做出鼻尖、眼睛和脸颊（**d**）。

a　　　　b　　　　c　　　　d

熊猫

材料（直径5cm×高3cm的纸模6个）
果酱大理石花纹玛芬（参照上述）……6个
鲜奶油霜（参照P.15）……适量
奶油蛋白霜（参照P.14）……适量
食用色素（咖啡色·红色）……各适量
覆盖用巧克力（甜味）……适量

做法

1　玛芬表面蘸满鲜奶油霜，用圆形挤花嘴在中心挤上鼻子。

2　用浅咖啡色奶油蛋白霜挤出眼睛四周，用深咖啡色奶油蛋白霜挤出鼻尖和眼睛，用粉红色奶油蛋白霜挤出脸颊。

3　用覆盖用巧克力（参照P.19）做出耳朵，插在上方两侧即完成。

小鸡

材料（直径5cm×高3cm的纸模6个）

果酱大理石花纹玛芬（参照P.24）……6个
鲜奶油霜（参照P.15）……适量
奶油蛋白霜（参照P.14）……适量
食用色素（黄色·红色·咖啡色）……各适量

做法

1　鲜奶油霜用黄色和红色的食用色素着色成鲜黄色，玛芬表面蘸满鲜黄色鲜奶油霜。
2　用深咖啡色奶油蛋白霜挤出眼睛，用粉红色奶油蛋白霜挤出脸颊和嘴巴。

熊

材料（直径5cm×高3cm的纸模6个）

果酱大理石花纹玛芬（参照P.24）……6个
巧克力鲜奶油霜（参照P.24）……适量
鲜奶油霜（参照P.15）……适量
奶油蛋白霜（参照P.14）……适量
食用色素（咖啡色·红色）……各适量
覆盖用巧克力（甜味）……适量

做法

1　玛芬表面蘸满巧克力鲜奶油霜。鲜奶油霜填入装了圆形挤花嘴的挤花袋中，挤出鼻子。
2　用深咖啡色奶油蛋白霜挤出鼻尖和眼睛，用粉红色奶油蛋白霜挤出脸颊。
3　用覆盖用巧克力（参照P.19）做出耳朵，插在上方两侧即完成。

小狗

材料（直径5cm×高3cm的纸模6个）

果酱大理石花纹玛芬（参照P.24）……6个
鲜奶油霜（参照P.15）……适量
奶油蛋白霜（参照P.14）……适量
食用色素（咖啡色·红色）……各适量
覆盖用巧克力（甜味）……适量

做法

1　玛芬表面蘸满鲜奶油霜，用圆形挤花嘴在中心挤上鼻子。
2　用深咖啡色奶油蛋白霜挤出鼻尖和眼睛，用粉红色奶油蛋白霜挤出脸颊。
3　用覆盖用巧克力（参照P.19）做出耳朵，贴在上方两侧即完成。

兔子

材料（直径5cm×高3cm的纸模6个）

果酱大理石花纹玛芬（参照P.24）……6个
鲜奶油霜（参照P.15）……适量
奶油蛋白霜（参照P.14）……适量
食用色素（红色·咖啡色）……各适量
覆盖用巧克力（草莓味）……适量

做法

1　鲜奶油霜用红色的食用色素着色成粉红色，玛芬表面蘸满粉红色鲜奶油霜。
2　用深咖啡色奶油蛋白霜挤出眼睛和鼻子，用粉红色奶油蛋白霜挤出鼻尖和脸颊。
3　用覆盖用巧克力（参照P.19）做出耳朵，插在上方两侧即完成。

送礼物给喜欢运动的他和孩子们

球形杯子蛋糕

足球

材料（直径5cm×高3cm的纸模6个）

果酱大理石花纹玛芬（参照P.24）……6个
鲜奶油霜（参照P.15）……适量
覆盖用巧克力（甜味）……适量
奶油蛋白霜（参照P.14）……适量
食用色素（咖啡色）……适量

小贴士
画线条的时候，也可以用巧克力笔代替奶油蛋白霜。

做法

1 制作鲜奶油霜，将玛芬上部朝下浸入其中，蘸满鲜奶油（a）。

2 在桌子上轻轻敲打，去掉鲜奶油霜的棱角，使其变得平滑（b）。

3 用覆盖用巧克力（参照P.19）制作五角形的巧克力片6片。

4 在2的杯子蛋糕顶端上贴上3的装饰（第一片），和这片边缘平行，依序贴上其他5片（c）。

5 将奶油蛋白霜用咖啡色的食用色素着色成深咖啡色，放入挤花袋中，描绘出咖啡色线条（d）。

网球

材料（直径5cm×高3cm的纸模6个）

果酱大理石花纹玛芬（参照P.24）……6个
鲜奶油霜（参照P.15）……适量
奶油蛋白霜（参照P.14）……适量
食用色素（黄色）……适量

做法

1 鲜奶油霜用黄色的食用色素着色成黄色。将玛芬上部朝下浸入其中，蘸满黄色鲜奶油霜。

2 制作奶油蛋白霜，放入挤花袋中，描绘出曲线。

棒球

材料（直径5cm×高3cm的纸模6个）

果酱大理石花纹玛芬（参照P.24）……6个
鲜奶油霜（参照P.15）……适量
奶油蛋白霜（参照P.14）……适量
食用色素（黄色）……适量

做法

1 制作鲜奶油霜，将玛芬上部朝下浸入其中，蘸满鲜奶油霜。

2 奶油蛋白霜用红色的食用色素着色成红色，放入挤花袋中，描绘出线条。

花朵杯子蛋糕（水果）

在戚风蛋糕上，用水果做出花朵绽放的样子。
让人马上想品尝花朵杯子蛋糕多汁的甜美滋味。

材料（直径4.5cm×高4cm的纸模15个）

覆盆子大理石花纹戚风蛋糕

A（戚风面糊）

- 蛋黄……1个
- 细砂糖……7g
- 色拉油……16g
- 牛奶……20g
- 柠檬汁……10g
- 低筋面粉……24g
- 泡打粉……0.2g

B（戚风面糊）

- 蛋黄……1个
- 细砂糖……7g
- 色拉油……16g
- 覆盆子果酱……30g
- 柠檬汁……10g
- 低筋面粉……24g
- 泡打粉……0.2g

蛋白霜

- 蛋白……96g
- 细砂糖……40g

鲜奶油霜（参照P.15）……适量

●以下材料为3种各5份

杞果……2个
草莓……10颗
柳橙……2个
薄荷……适量

做法

1　参照基本的原味戚风蛋糕（P.12）的做法，分别制作A、B两种戚风面糊。在做法2中，当A已加入色拉油、牛奶后，此时再加入柠檬汁，并继续操作到做法4。

2　B在做法2时，则用覆盆子酱和柠檬汁取代牛奶，和色拉油一起加入，并继续操做到做法4。

3　做法5~7均相同，在蛋白中加入细砂糖混合，打发成蛋白霜。

4　将3的蛋白霜分成一半，分别加入A、B戚风面糊中拌匀。

5　将A、B戚风面糊纵向填入装有圆形挤花嘴的挤花袋中，各占一半空间（参照下方示意图），再挤到烤模中。

6　放入180℃的烤箱中烘烤12分钟。冷却后挤上鲜奶油霜并抹平。

7　杞果去皮，切成薄片，方便卷出花瓣（a）。

8　用竹签辅助，将杞果片卷起来，做出花芯（b）。

9　在6中心，摆上8的花芯（c）。

10　将杞果片卷在花芯周围（d），卷成玫瑰花状。

11　将每颗草莓纵切成6~7片，在6的杯缘以稍微交叠的方式排上6~7片，依序往中心错叠上草莓片，中心处要放上较小片的草莓。

12　柳橙切除外皮，用刀切成一瓣一瓣，再一一切半，从中心往外呈放射状，并稍微交叠排列在6上，中心再用薄荷叶装饰即完成。

做法5示意图

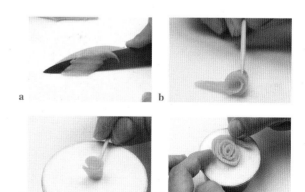

a　　　　b

c　　　　d

花朵杯子蛋糕（奶油蛋白霜）

这些是使用奶油蛋白霜装饰而成的花朵杯子蛋糕。

欣赏可爱的花朵时，幸福的感觉油然而生。

用挤花嘴和各种挤法，可以做出各式各样的花朵。

一开始虽然有点儿困难，但是越练习会越上手，请多多尝试挑战。（做法见P.32）

Flower Cupcakes

康乃馨 & 蝴蝶

花瓣用挤花嘴

材料（直径4.5cm × 高4cm的纸模8个）

枫糖核桃戚风蛋糕

> 蛋黄……1个
> 枫糖……7g

色拉油……16g

牛奶……20g

低筋面粉……24g

泡打粉……0.2g

> 蛋白……48g
> 枫糖……20g

核桃（烤边）……20g

草莓鲜奶油霜

鲜奶油霜……200g

草莓果酱……40g

塑形巧克力……适量

鲜奶油霜（参照P.14）……少许

食用色素（黄色·红色）……各适量

做法

1. 参照**基本的原味戚风蛋糕**（P.12）的做法，制作枫糖核桃戚风蛋糕。在做法**1**和做法**5**中，用枫糖取代细砂糖来制作。

2. 在做法9混合蛋白霜时，加入切成粗碎状的核桃一起混拌均匀，之后做法均相同。

3. 制作草莓鲜奶油霜：鲜奶油霜和草莓果酱拌匀填入装了花瓣用挤花嘴的挤花袋中，将比较宽的部分向下，挤在蛋糕上，并做出皱感（**a**）。

4. 依序挤出第二层（**b**）、第三层（**c**）。

5. 参照巧克力立体造型（参照P.19），做出蝴蝶装饰片。首先将塑形巧克力用黄色的食用色素着色成黄色，擀成厚0.2cm片状，使用纸模（3.5cm × 3cm）切成2片翅膀（**d**）。

6. 将着色成粉红色的奶油蛋白霜放入挤花袋中，描绘翅膀上的纹路（藤蔓花样）（**e**）。

7. 触角部分，使用白色的塑形巧克力，擀成厚0.2cm片状，切出2根0.3cm × 4.5cm的细长条，再将前端卷起（**f**）。

8. 在4的杯子蛋糕中依序插入6的翅膀及7的触角即完成。

a

b

c

d

e

f

草莓花朵

圆形挤花嘴

材料（直径4.5cm×高4cm的纸模8个）
枫糖核桃戚风蛋糕（参照P.32）……8个
奶油蛋白霜（参照P.14）……适量
食用色素（黄色·红色·绿色）……各适量

做法

1 用食用色素着色出黄色、粉红色及绿色奶油蛋白霜。

2 在烘焙纸上挤上花朵，每个蛋糕上放6朵。首先，使用黄色奶油蛋白霜，将奶油蛋白霜填入装了圆形挤花嘴的挤花袋中，挤出水滴形花样（a）。

3 接着以朝中心的方式，依序挤出4个水滴形花样，1朵花共有5片花瓣，正中央则用没有着色的奶油蛋白霜（白色）挤出圆点（b），完成1朵花朵。以相同方法完成所有花朵，用粉红色奶油蛋白霜、白色奶油蛋白霜挤出圆点。

4 将挤花袋前端如照片所示般剪出形状（c），挤出叶片（d）。

5 用前端细窄的剪刀或雕刻刀将叶片、花朵均衡地摆在戚风蛋糕上即完成。

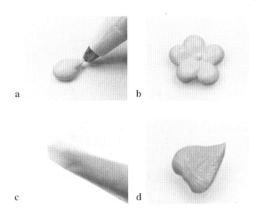

绣球花

花瓣用挤花嘴

材料（直径4.5cm×高4cm的纸模8个）
枫糖核桃戚风蛋糕（参照P.32）……8个
奶油蛋白霜（参照P.14）……适量
食用色素（蓝色·红色·绿色）……各适量

做法

1 用蓝色和红色食用色素着色出紫色奶油蛋白霜，再分别着色出蓝色及绿色奶油蛋白霜。

2 在烘焙纸上挤上花朵，每个蛋糕上放6朵。首先，将白色和紫色奶油蛋白霜纵向填入装了花瓣用挤花嘴的挤花袋中，挤花嘴较宽处放入白色奶油蛋白霜，较细处放入紫色奶油蛋白霜（a）。

3 挤花嘴较宽处放在花朵中心位置，较细处一边向上，一边挤出第一片花瓣（b）。

4 每朵花有4片花瓣，正中央用绿色奶油蛋白霜挤出3个小圆点（c），完成1朵花朵，以相同方法完成所有花朵，用白色奶油蛋白霜、蓝色奶油蛋白霜制作花朵时，中间同样用绿色奶油蛋白霜挤出小圆点。

5 叶片以和草莓花朵4相同步骤来操作，剪开挤花袋前端，边挤出边回抵，并稍微向左右晃动，就能形成叶片的形状（d）。

6 用前端细窄的剪刀或雕刻刀，将叶片、花朵均衡地摆在戚风蛋糕上即完成。

彩色杯子蛋糕

只需在玛芬上装饰饼干以及薄荷糖珠、巧克力等，瞬间就会转变为色彩缤纷、大受欢迎的杯子蛋糕！

即使是不善于制作蛋糕装饰的人，也能轻松地制作出彩色的杯子蛋糕，装饰有英文字母饼干的杯子蛋糕，排列出单字或文字也很有趣！（做法见P.36）

Colorful Cupcakes

英文字母

材料（直径5cm×高3cm的纸模6个）
原味玛芬（参照P.10）……6个
糖霜（参照P.17）……适量
食用色素（红色·黄色·蓝色等）……各适量
饼干（参照P.18）……6片
雪花糖片·银色糖珠·混色薄荷糖珠等……各适量

做法

1　糖霜用自己喜欢的颜色着色，填入挤花袋中，挤在玛芬上（a）。
2　让糖霜盖满整个表面，在桌面上轻敲（b）。
3　边缘用雪花糖片装饰（c），静置待糖霜干燥。
4　在饼干表面涂上糖霜（d）。
5　利用未干的糖霜蘸上混色薄荷糖珠（e）。
6　在5的背面涂上糖霜，贴在2的杯子蛋糕上，静置待干即完成（f）。

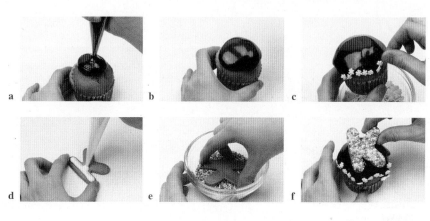

薄荷巧克力奶油霜

材料（直径5cm×高3cm的纸模6个）
原味玛芬（参照P.10）……6个
薄荷巧克力奶油霜
　无盐黄油……110g
　糖粉……220g
　薄荷利口酒……60g
　耐热巧克力豆……100g

做法

1　制作薄荷巧克力奶油霜：在调理盆内放入在室温中软化的黄油，加入糖粉，用打蛋器打发。
2　加入薄荷利口酒拌匀。
3　加入耐热巧克力豆拌匀。
4　将3的薄荷巧克力奶油霜舀在玛芬上，保持微微隆起的状态即完成。

鬼睑糖霜

材料（直径5cm×高3cm的纸模6个）
原味玛芬（参照P.10）……6个
糖霜（参照P.17）……适量
奶油蛋白霜（参照P.14）……适量
食用色素（咖啡色）……适量
塑形巧克力……适量
糖衣巧克力……12粒

做法

1 糖霜填入挤花袋中，挤在玛芬上，让糖霜扩散开来，在桌面上轻敲，静置待糖霜干燥。
2 制作奶油蛋白霜，用咖啡色的食用色素着色成深咖啡色（嘴巴）。
3 将塑形巧克力着色成粉红色，做出舌头的样子。
4 将糖衣巧克力2粒用糖霜贴在1的杯子蛋糕上，颜色可自己搭配，位置则要放在偏上方的左右两侧，当作眼睛。
5 将2的奶油蛋白霜填入挤花袋中，挤出嘴巴的形状，再用糖霜将3的舌头固定在嘴巴下方即完成。

OREO饼干奶油霜

材料（直径5cm×高3cm的纸模6个）
原味玛芬（参照P.10）……6个
OREO饼干奶油霜
　无盐黄油……110g
　糖粉……185g
　盐……1撮
　OREO饼干……5片
OREO饼干（装饰用）……6片

做法

1 制作OREO饼干奶油霜：在调理盆内放入在室温中软化的奶油，加入糖粉、盐，用打蛋器打发。
2 将OREO饼干切大块，放入1中拌匀。
3 将2的OREO饼干奶油霜舀在玛芬上，保持微微隆起的状态，放上1片OREO饼干装饰即完成。

各种装饰用的材料

银色糖珠　星形糖粒　混色薄荷糖珠　雪花糖片　耐热巧克力豆　糖衣巧克力

摄影协力/couca

Cupcake Café

杯子蛋糕放入陶瓷或玻璃器中，尝试新视觉的装饰组合！用来招待客人也很适合。

肉桂奶茶

肉桂的香味最适合用来搭配奶茶

材料（直径8.4cm × 高5cm的纸模3个）

奶茶戚风

- 牛奶……100g
- 伯爵茶（茶叶）……20g

- 蛋黄……1个
- 细砂糖……7g

色拉油……16g

低筋面粉……24g

泡打粉……0.2g

- 蛋白……48g
- 细砂糖……20g

鲜奶油霜（参照P.15）……适量

肉桂粉……适量

肉桂棒……3根

做法

1. 冲煮奶茶：在锅中放入牛奶煮滚，加入伯爵茶叶后熄火，加盖闷约4分钟，用滤网过滤后，取20g来使用。

2. 参照**基本的戚风蛋糕**（P.12）的做法，制作出奶茶戚风蛋糕。在做法2时，用1的奶茶取代牛奶，之后的做法都相同。将做好的面糊舀入杯子中至5分满，再放入180℃的烤箱中烘烤15分钟。

3. 将鲜奶油霜舀到2上，撒上肉桂粉，放上肉桂棒即完成。

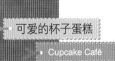

维也纳咖啡

颗粒状棉花糖和咖啡豆的味道是品尝重点

材料（直径4.5cm×高9cm的纸模2个）

鸡蛋……1个

麦芽糖……8g

细砂糖……72g

无盐黄油……55g

牛奶……45g

[即溶咖啡粉……1大匙

[热水……10g

低筋面粉……150g

泡打粉……6g

咖啡豆……12粒

颗粒状棉花糖……6颗

事前准备

● 将低筋面粉和泡打粉混合过筛。

● 无盐黄油隔水加热熔化，静置待稍凉。

● 制作咖啡：将即溶咖啡粉和热水拌匀至咖啡
　粉溶解。

● 烤箱预热至180℃。

做法

1 调理盆中放入鸡蛋、麦芽糖，倒入细砂
　糖，用打蛋器搅拌至颜色变白。

2 加入无盐黄油，搅拌均匀。

3 将牛奶和咖啡拌匀，倒入2中混拌均匀。

4 事先筛过的粉类材料，再次边过筛边加入
　调理盆中。

5 没有粉末后，用刮刀仔细地将调理盆周围
　及底部的材料混合均匀，完成面糊。

6 将做好的面糊舀入杯子中至5分满，咖啡
　豆放在正中央，再放入180℃的烤箱中，
　烘烤15分钟。

7 用竹签插入测试，面糊不粘黏时表示已熟
　透。在中央放上棉花糖，再烤3分钟，让
　棉花糖表面略有焦色即完成。

摩卡咖啡

可可戚风加上慕斯、果冻，挤上摩卡鲜奶油霜，是一道豪华的甜点

材料（直径8cm×高12.5cm的玻璃杯10个）

可可戚风蛋糕

> 蛋黄……4个
> 细砂糖……28g

色拉油……64g

牛奶……80g

低筋面粉……88g

可可粉……8g

泡打粉……0.8g

> 蛋白……192g
> 细砂糖……80g

咖啡摩卡慕斯

牛奶巧克力……152g

淡奶油（45%）……56g

牛奶……56g

即溶咖啡粉……4g

蛋黄……2个

细砂糖……22g

淡奶油（35%）……280g

摩卡鲜奶油霜

鲜奶油霜（参照P.15）……适量

> 即溶咖啡……1g
> 热水……1g

咖啡果冻

冰咖啡……375g

> 吉利丁粉……15g
> 水……60g

巧克力酱·核桃……各适量

事前准备 ————————

●将牛奶巧克力隔水加热熔化。

●将吉利丁粉倒入水中，静置至膨胀。

做法

1 参照**基本的原味戚风蛋糕**（P.12）的做法，制作出可可戚风蛋糕。事前准备时将低筋面粉、可可粉和泡打粉混合过筛。之后的做法均相同，完成后放入玻璃杯中。

2 制作咖啡摩卡慕斯：锅中放入淡奶油（45%）和牛奶煮滚，再放入即溶咖啡粉拌匀。

3 调理盆中放入蛋黄打散，分数次加入细砂糖，用打蛋器搅拌至颜色变白。

4 将2分数次加入3中，仔细混拌均匀（**a**）。

5 放入锅中，用中火边煮边搅拌，直到呈黏稠状，搅动时看得到锅底为止（**b**）（煮到82℃）。

6 在事先隔水加热至熔化的巧克力中，加入5的1/4量，用打蛋器从中央搅拌，呈现分离状态（**c**）。

7 剩下的5分3次加入拌匀，搅拌成绵密柔滑的状态（**d**）。用滤网过筛，再隔冰水冷却（38℃）。

8 将淡奶油（35%）打至8分发，取1/2量加入7中（**e**），搅拌均匀。

9 将8倒入剩下1/2量的鲜奶油中（**f**），稍微拌匀后改用刮刀混拌均匀，舀入1的玻璃杯中，再放入冰箱冷藏至凝固。

10 制作摩卡鲜奶油霜：将咖啡粉、热水拌匀成咖啡液，倒入打至9分发的鲜奶油霜中拌匀即可。

11 制作咖啡果冻：在锅中放入冰咖啡，用火煮至80℃时熄火，加入事前准备好的吉利丁拌至溶解，一边过筛一边倒入四方形容器中，冷却至凝固后，切小丁，放入9的玻璃杯中。

12 将10填入有星形挤花嘴的挤花袋中，挤在11上，撒上核桃碎片，淋上巧克力酱即完成。

 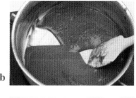 

蜂蜜柠檬

让身心放松感觉的美味

材料（直径6.3cm×高5cm的玻璃杯3个）

柠檬戚风蛋糕

- 蛋黄……1个
- 细砂糖……3g
- 市售柠檬水……4g
- 色拉油……16g
- 牛奶……16g
- 柠檬皮（泥状）……1/6颗
- 低筋面粉……24g
- 泡打粉……0.2g
- 蛋白……48g
- 细砂糖……20g

鲜奶油霜（参照P.15）……适量

蜂蜜……适量

柠檬干（参照P.59）……3片

做法

1 参照**基本的原味戚风蛋糕**（P.12）的做法，制作出柠檬戚风蛋糕。在做法1时，调理盆中放入蛋黄打散，加入细砂糖、柠檬水，一起混拌均匀。

2 在做法2时，取另一调理盆，放入色拉油、牛奶、柠檬果皮（泥状），隔水加热至50℃，之后的做法均相同。

3 在玻璃杯中放入戚风蛋糕，鲜奶油霜填入装了圆形挤花嘴的挤花袋中，以画圆的方式往上挤出同心圆。

4 淋上蜂蜜，放上柠檬干装饰即完成。

草莓牛奶

春暖花开时，用软绵的戚风蛋糕和慕斯招待客人

材料（直径6.3cm×高5cm的玻璃杯10个）

炼乳戚风蛋糕

> 蛋黄……4个
> 细砂糖……28g

色拉油……64g

牛奶……40g

加糖炼乳……40g

低筋面粉……44g

脱脂奶粉……52g

泡打粉……0.8g

> 蛋白……192g
> 细砂糖……80g

草莓慕斯

草莓果酱……200g

细砂糖……50g

> 吉利丁粉……6g
> 水……24g

淡奶油（35%）……200g

鲜奶油霜（参照P.15）……适量

草莓果干……适量

草莓……10颗

做法

1　参照基本的原味戚风蛋糕（P.12）的做法，制作出炼乳戚风蛋糕。事前准备时将低筋面粉、脱脂奶粉和泡打粉混合过筛。

2　在做法2时，取另一调理盆，放入色拉油、牛奶、炼乳，隔水加热至50℃，之后的做法均相同。

3　制作草莓慕斯：吉利丁粉倒入水中，静置至膨胀。

4　锅中放入草莓果酱、细砂糖，用小火熬煮，等细砂糖熔化后熄火，加入3拌溶。

5　将4过筛后放入调理盆内，隔冰水冷却至24℃。

6　将淡奶油（35%）打至8分后，加入5中，稍微拌匀后改用刮刀，搅拌至绵密柔滑为止。

7　玻璃杯中放入2，倒入6，放入冰箱冷藏至凝固。

8　将鲜奶油霜填入装了星形挤花嘴的挤花袋中，挤在草莓慕斯上，堆叠至喜欢的高度，上方撒上草莓果干，旁边放上1颗草莓装饰即完成。

享受抹茶的芬芳和微苦滋味

抹茶拿铁

材料（直径6.5cm×高7.5cm的玻璃杯10个）

抹茶戚风蛋糕

> 蛋黄……4个
> 细砂糖……28g

色拉油……64g

牛奶……80g

低筋面粉……88g

抹茶粉……8g

泡打粉……0.8g

> 蛋白……192g
> 细砂糖……80g

抹茶慕斯

牛奶……90g

> 吉利丁粉……3g
> 水……12g

白巧克力……115g

抹茶粉……8g

淡奶油（35%）……240g

鲜奶油霜（参照P.15）……适量

抹茶粉……少许

粒状红豆馅……适量

事前准备

● 将白巧克力隔水加热熔化。

● 吉利丁粉倒入水中，静置至膨胀，再隔水加热至溶解。

做法

1 参照**基本的原味戚风蛋糕**（P.12）的做法，制作出抹茶戚风蛋糕。事前准备时将低筋面粉、抹茶粉和泡打粉混合过筛。之后的做法均相同，完成后放入玻璃杯中。

2 制作抹茶慕斯：在锅中放入牛奶煮滚，在沸腾前熄火，放入事前准备的吉利丁液拌匀（**a**）。

3 熔化的白巧克力中加入抹茶粉，混合搅拌均匀（**b**）。

4 加入2的1/4量，用打蛋器从中央搅拌，呈现分离状态（**c**）。

5 剩下的2分3次加入拌匀，搅拌成柔滑的状态，用滤网过筛（**d**），再隔冰水冷却。

6 将淡奶油（35%）打至8分发，取1/2量加入5中，搅拌均匀（**e**）。

7 将6倒入剩下1/2量的淡奶油中（**f**），稍微拌匀后改用刮刀混合均匀，舀入1的玻璃杯中，再放入冰箱冷藏至凝固。

8 将鲜奶油霜填入装了星形挤花嘴的挤花袋中，挤在抹茶慕斯上，堆叠至喜欢的高度，用小滤网筛上抹茶粉，旁边放入粒状红豆馅即完成。

45

柚子茶

柚子的芳香清爽，让人感觉轻松愉快

材料（直径6.5cm×高8cm的茶杯3个）

鸡蛋……1个

麦芽糖……8g

细砂糖……60g

无盐黄油……55g

牛奶……70g

低筋面粉……150g

泡打粉……6g

A ┌ 柚子茶……50g
  └ 柚子水果干……25g

B ┌ 柚子茶……10g
  └ 柚子水果干……10g

事前准备

● 将低筋面粉和泡打粉混合过筛。

● 无盐黄油隔水加热熔化，静置待稍凉。

● 材料A、B中的柚子水果干切丁，分别和柚子茶混合备用。

● 烤箱预热至180℃。

做法

1 调理盆中放入蛋、麦芽糖，倒入细砂糖，用打蛋器搅拌至颜色变白。

2 加入无盐黄油拌匀，再加入牛奶混拌均匀。

3 事先筛过的粉类材料，再次边过筛边加入调理盆中，用刮刀迅速混拌均匀。

4 加入1/2量的A，混拌均匀，舀入杯子中至5分满。

5 将剩下的A用汤匙舀到杯子正中央，再放入180℃的烤箱中烘烤25分钟。

6 待冷却后，撒上B作装饰即完成。

添加了玉米粒，最适合当早、午餐食用

玉米浓汤玛芬

材料（直径10cm × 高6cm的杯子2个）

A ⌈ 玉米浓汤包……2袋（35g）
　　鸡粉……1/2小匙
　⌊ 盐……1小撮
淡奶油（乳脂含量35%）……80g
鸡蛋……1个
麦芽糖……8g
细砂糖……30g
无盐黄油……55g
低筋面粉……150g
泡打粉……6g
玉米粒罐头……80g
巴西里末……少许

事前准备

● 将低筋面粉和泡打粉混合过筛。
● 奶油隔水加热熔化，静置待稍凉。
● 玉米粒沥干水分，分成60g和20g备用。
● 鲜奶油用微波炉加热到50℃。
● 烤箱预热至180℃。

做法

1　调理盆中放入A，一边慢慢地倒入温热的淡奶油，一边搅拌均匀。

2　调理盆中放入鸡蛋、麦芽糖，倒入细砂糖，用打蛋器搅拌至颜色变白。

3　加入黄油拌匀，再加入1混拌均匀。

4　事先筛过的粉类材料，再次边过筛边加入调理盆中，用刮刀迅速混拌均匀。

5　加入玉米粒60g搅拌均匀，舀入杯子中至6分满。

6　将玉米粒20g均匀撒在面糊上，再撒上巴西里末。

7　放入180℃的烤箱中烘烤20~25分钟即完成。

纪念日的杯子蛋糕②

生日宴会上，用装饰了饼干的大杯子蛋糕来庆祝吧!

Happy Birthday

 做法

1 参照英文字母杯子蛋糕（P.36）的做法，烘烤出稍大型的圆形玛芬。

2 糖霜滴在表面，均匀覆盖。

3 用英文字母以及市售的糖果、饼干（彩色颗粒状棉花糖、有造型的饼干等）来装饰。

4 用包装纸包装，系上缎带，并打上蝴蝶结即完成。

Part.3

健康的
杯子蛋糕

精心挑选豆腐、蔬菜等健康素材，制作了品种
丰富的杯子蛋糕。这些素材的天然色彩和独特
的风味等，都是特点所在。与众不同的杯子蛋
糕，不只适合想要健康的人们，更是不爱吃甜
食的人的最爱。

水果类玛芬

每一口都可以享受到各种风味

材料（直径5cm×高5cm的纸模4个）

鸡蛋……1个
麦芽糖……8g
细砂糖……72g
无盐黄油……55g
牛奶……60g
低筋面粉……150g
泡打粉……6g
水果类……60g
杏桃果酱……适量
西梅干……30g+装饰用4颗
杏桃（半干）……30g+装饰用8颗

事前准备

●黄油隔水加热熔化，静置待稍凉。
●将低筋面粉和泡打粉混合过筛。
●水果类放入塑胶袋里，用擀面杖压碎。
●西梅干和杏桃切成大丁状（装饰用的不切）
　备用。
●烤箱预热至180℃。

做法

1　调理盆中放入鸡蛋、麦芽糖，倒入细砂糖，用打蛋器搅拌至颜色变白。
2　加入黄油拌匀，再加入牛奶混拌均匀。
3　加入压碎的水果类，混拌均匀。
4　事先筛选的粉类材料，再次边过筛边加入调理盆中，用刮刀迅速混拌均匀。
5　加入西梅干丁和杏桃丁拌匀。
6　将面糊舀入纸模中至7分满。
7　放入180℃的烤箱中烘烤20分钟，放在网架上冷却。
8　小锅中放入杏桃果酱，用小火温热至果酱变柔软，可添加少许温水调节柔软度。
9　将8涂在玛芬表面上，摆上装饰用的西梅干和杏桃，表面也涂上8即完成。

苹果味玛芬

苹果的甘甜和姜的清爽组合成绝妙搭配

材料（直径5cm×高3cm的纸模5个）

鸡蛋……1个
麦芽糖……8g
细砂糖……72g
无盐黄油……55g
牛奶……60g
低筋面粉……150g
泡打粉……6g
姜（泥状）……15g
苹果干……50g
糖……20g

事前准备 ——————

●将低筋面粉和泡打粉混合过筛。
●黄油隔水加热熔化，静置待稍凉。
●苹果干和糖切丁。
●在玛芬模内放入纸模。
●烤箱预热至180℃。

做法

1 调理盆中放入鸡蛋、麦芽糖，倒入细砂糖，用打蛋器搅拌至颜色变白。

2 加入黄油拌匀，再加入牛奶混拌均匀。

3 加入姜泥拌匀，事先筛过的粉类材料，再次过筛边加入调理盆中，用刮刀迅速混拌均匀。

4 加入苹果干丁和糖丁（各留少许当装饰）拌匀。

5 将面糊舀入纸模中至7分满，摆上苹果干丁、糖丁。

6 放入180℃的烤箱中烘烤20分钟即完成。

带有少许味噌味的和风玛芬

味噌玛芬

材料（直径5cm×高3cm的纸模6个）

鸡蛋……1个
麦芽糖……8g
细砂糖……70g
味噌……20g
无盐黄油……55g
牛奶……60g
白芝麻……10g
黑芝麻……5g
低筋面粉……150g
泡打粉……6g
蜜豆……100g

事前准备 ──────

●将低筋面粉和泡打粉混合过筛。
●黄油隔水加热熔化，静置待稍凉。
●在玛芬模内放入纸模。
●烤箱预热至180℃。

做法

1 调理盆中放入鸡蛋、麦芽糖，倒入细砂糖，用打蛋器搅拌至颜色变白。

2 加入味噌，仔细拌匀。

3 加入黄油拌匀，再加入牛奶混拌均匀。

4 加入白芝麻、黑芝麻，事先筛过的粉类材料，再次边过筛边加入调理盆中，用刮刀迅速混拌均匀。

5 加入蜜豆（留下少许当装饰）拌匀，将面糊舀入纸模中至7分满，摆上蜜豆。

6 放入180℃的烤箱中烘烤20分钟即完成。

小贴士
味噌建议使用味道浓的种类。

毛豆和奶酪让玛芬吃起来更有饱足感

毛豆盐曲玛芬

材料（直径5cm×高3cm的纸模7个）

鸡蛋……1个

麦芽糖……8g

细砂糖……50g

无盐黄油……55g

牛奶……60g

低筋面粉……150g

泡打粉……6g

毛豆（用盐煮过，剥出毛豆粒）……125g

盐曲……20g

加工奶酪……50g

奶酪粉……少许

事前准备

●毛豆和盐曲拌匀，腌渍1~2小时。

●加工奶酪切丁备用。

●将低筋面粉和泡打粉混合过筛。

●黄油隔水加热熔化，静置待稍凉。

●在玛芬模内放入纸模。

●烤箱预热至180℃。

做法

1 调理盆中放入鸡蛋、麦芽糖，倒入细砂糖，用打蛋器搅拌至颜色变白。

2 加入黄油拌匀，再加入牛奶混拌均匀。

3 加入毛豆（100g）拌匀。

4 事先筛过的粉类材料，再次边过筛边加入调理盆中，用刮刀迅速混拌均匀。

5 放入加工奶酪拌匀。

6 将面糊舀入纸模中至7分满，摆上毛豆（25g），撒上奶酪粉。

7 放入180℃的烤箱中烘烤20~25分钟即完成。

蔬菜玛芬

材料（直径5.5cm×高4.5cm的纸模4个）

鸡蛋……1个

色拉油……25g

牛奶……50g

奶酪粉……40g

罐头鲔鱼……50g

盐·粗磨胡椒粒……各少许

低筋面粉……50g

泡打粉……1/2小匙

小番茄……10颗

芦笋……3根

加工奶酪……30g

事前准备 —————————

●芦笋用加了少许盐的滚水煮热，切成4段备用。

●罐头鲔鱼沥干油分备用。

●小番茄切半，加工奶酪切丁备用。

●将低筋面粉和泡打粉混合过筛。

●烤箱预热至190℃。

做法

1　调理盆中放入鸡蛋打散，依序加入色拉油、牛奶、奶酪粉，每次加入都要仔细拌匀。

2　加入鱼、盐、胡椒粒拌匀。

3　事先筛过的粉类材料，再次边过筛边加入调理盆中，用刮刀迅速混拌均匀。

4　加入番茄（各留少许当装饰）、加工奶酪拌匀。

5　将面糊舀入纸模中至7分满，摆上番茄。

6　放入190℃的烤箱中烘烤25分钟即完成。

适合搭配红酒的下酒菜，这能当作一餐

鲑鱼奶酪玛芬

材料（直径5.5cm×高4.5cm的纸模4个）

- 牛奶……25g
- 酸奶……25g
- 鸡蛋……1个
- 色拉油……30g
- 奶酪粉……40g
- 盐·粗磨胡椒粒……各少许
- 低筋面粉……50g
- 泡打粉……1/2小匙
- 烟熏鲑鱼……45g
- 奶油奶酪……70g
- 洋葱……15g
- 迷迭香……少许

事前准备

- ●鲑鱼切成3cm的丁，奶油奶酪切成1cm的丁备用。
- ●洋葱切细丝，拌炒至软备用。
- ●将低筋面粉和泡打粉混合过筛。
- ●烤箱预热至190℃。

做法

1 调理盆中放入牛奶、酸奶，混拌均匀。

2 另一调理盆中放入鸡蛋打散，依序加入色拉油、1的材料、奶酪粉、盐、胡椒粒，每次加入都要仔细拌匀。

3 事先筛过的粉类材料，再次边过筛边加入调理盆中，用刮刀迅速混拌均匀。

4 加入鲑鱼（留下少许当装饰）、奶油奶酪、洋葱丝拌匀。

5 将面糊舀入纸模中至7分满，摆上鱼、迷迭香。

6 放入190℃的烤箱中烘烤25分钟即完成。

豆浆豆腐玛芬

满满的大豆卵磷脂，是非常健康的蛋糕

材料（直径5cm×高3cm的纸模6个）

嫩豆腐……90g

鸡蛋……1个

细砂糖……60g

色拉油……50g

豆浆……60g

低筋面粉……150g

泡打粉……6g

黄豆粉糖霜

糖霜（参照P.17）……76g

黄豆粉……17g

糖浆（参照P.17）……约13g

金箔（食品用）……少许

事前准备 ———

●将低筋面粉和泡打粉混合过筛。

●在玛芬模内放入纸模。

●烤箱预热至180℃。

做法

1 豆腐用厨房纸巾包起来，放在耐热器皿上，盖上保鲜膜，用微波炉加热8分钟，去除豆腐多余的水分（a）。

2 调理盆中放入鸡蛋打散，倒入细砂糖，用打蛋器搅拌至颜色变白。

3 依序加入色拉油、豆浆，每次加入都要仔细拌匀。

4 将豆腐外的厨房纸巾小心撕除，倒入3中，混拌均匀。

a

5 事先筛过的粉类材料，再次边过筛边加入调理盆中，用刮刀迅速混拌均匀。

6 将面糊舀入纸模中至7分满，再放入180℃的烤箱中烘烤25分钟，放在网架上冷却。

7 制作黄豆粉糖霜：将糖霜一点一点地倒入黄豆粉中，用刮刀混拌均匀，边倒边拌匀，直到糖霜滴落时会留下痕迹、再稍微融合的程度，填入挤花袋中。

8 将7挤在玛芬上，放上金箔装饰即完成。

艾草米粉戚风蛋糕

以和风点心为创意来源，是一款与众不同的杯子蛋糕

材料（直径4.5cm×高4cm的纸模8个）

蛋黄……1个
细砂糖……7g
色拉油……16g
牛奶……20g
米粉……19g
艾草粉……7g
泡打粉……0.2g
蛋白……48g
细砂糖……20g

红豆鲜奶油霜

鲜奶油霜（参照P.15）……60g
粒状红豆馅……30g
蕨饼（市售）……16个
南天竹叶……8片

做法

1 参照**基本的原味戚风蛋糕**（P.12）的做法，制作出戚风蛋糕。事前准备时将米粉、艾草粉和泡打粉混合过筛。之后的做法均相同。

2 制作红豆奶油霜：参照P.15制作6分发的鲜奶油霜（拿起打蛋器时，鲜奶油霜呈带状浓稠滴下的状态），将粒状红豆馅放入鲜奶油霜中，用刮刀混拌均匀。

3 用热水温热过的汤匙舀取适量2的红豆鲜奶油霜，塑成椭圆形，放在1的戚风蛋糕上。

4 摆上蕨饼、南天竹叶装饰即完成。

地瓜风味浓厚，除了加进面糊中一起烘烤，还可用在装饰上

地瓜戚风蛋糕

材料（直径4.5cm×高4cm的纸模8个）

地瓜……1/2条

糖浆（水：细砂糖=4：1）……适量

┌ 蛋黄……1个
└ 黑糖……7g

地瓜泥……27g

牛奶……20g

色拉油……16g

低筋面粉……24g

泡打粉……0.2g

┌ 蛋白……48g
└ 细砂糖……20g

豆浆柠檬鲜奶油霜

　鲜奶油霜（参照P.15）……96g

　无糖纯豆浆……24g

　柠檬皮（泥状）……1/6颗

　地瓜脆片（参照下方）……8片

事前准备

●将低筋面粉和泡打粉混合过筛。

●烤箱预热至180℃。

做法

1　地瓜连皮切成0.5cm的小丁，和糖浆一起放入锅中煮滚，放在筛网上，用厨房纸巾擦干。

2　调理盆中放入蛋黄打散，倒入黑糖混拌均匀。

3　另一调理盆中放入地瓜泥，为了防止结块，将牛奶一点一点地加入，搅拌均匀。

4　加入色拉油拌匀，隔水加热至50℃。

5　将4倒入2中，用打蛋器仔细混拌均匀，直到黑糖溶化。

6　之后的做法参照基本的原味戚风蛋糕（P.12）的做法**4～9**。

7　在挤花袋中填入6，每个纸模中挤入18g面糊，放入6块1的地瓜丁。

8　纸模小心地在桌面上敲打，去除气泡，放入180℃的烤箱中烘烤12分钟，至表面裂缝带有些许焦痕。烘烤完成后立刻将纸模倒在蛋糕网架上，静置放凉。

9　制作豆浆柠檬鲜奶油霜：参照P.15制作9分发的鲜奶油霜（拿起打蛋器时，鲜奶油霜出现挺立的角），加入豆浆、柠檬皮（泥状），混拌均匀。

10　将9填入装了星形挤花嘴的挤花袋中，以螺旋方式挤在8上，再插1片地瓜脆片即完成。

地瓜脆片·柳橙干·柠檬干的做法

※柳橙干在P.60、柠檬干在P.42使用。

1　地瓜、柳橙、柠檬分别连皮切成薄片。

2　糖浆（参照P.17）放入锅中煮滚，将1放入，浸泡1晚。

3　用厨房用纸巾擦干水分，放在铺了烘焙纸的烤盘上。

4　放入70℃的烤箱中烘烤3小时，烤至干燥即完成。

胡萝卜戚风蛋糕

不喜欢胡萝卜的人也能享受其中的美味

材料（直径4.5cm×高4cm的纸模8个）

蛋黄……1个
细砂糖……7g
色拉油……16g
牛奶……17g
胡萝卜（泥状）……7g
低筋面粉……11g
胡萝卜粉……13g
泡打粉……0.2g
蛋白……48g
细砂糖……20g

柳橙鲜奶油霜

鲜奶油霜（参照P.15）……60g
柚子酱……30g
柳橙干（参照P.59）……8片

做法

1 参照**基本的原味戚风蛋糕**（P.12）的做法，制作出戚风蛋糕。事前准备时将低筋面粉、胡萝卜粉和泡打粉混合过筛。

2 在做法2时，加入牛奶和胡萝卜泥，之后的做法都相同。

3 制作柳橙鲜奶油霜：参照P.15制作9分发的鲜奶油霜（拿起打蛋器时，出现挺立的角），加入柚子酱，用刮刀混拌均匀。

4 用热水温热过的汤匙舀取3的柳橙鲜奶油霜，塑成椭圆形，放在2的戚风蛋糕上，摆上柳橙干即完成。

酸奶戚风蛋糕

带有酸奶和柠檬清爽风味的杯子蛋糕

材料（直径4.5cm×高4cm的纸模8个）

- 蛋黄……1个
- 细砂糖……6g
- 市售柠檬水浓缩粉……1g

色拉油……16g

酸奶……13g

酸奶油……7g

低筋面粉……24g

泡打粉……0.2g

- 蛋白……48g
- 细砂糖……20g

酸奶鲜奶油霜

原味酸奶……50g

鲜奶油霜（参照P.15）……50g

薄荷叶……适量

做法

1 参照**基本的原味戚风蛋糕**（P.12）的做法，制作出戚风蛋糕。

2 在做法**2**时，以酸奶、酸奶油取代牛奶，之后的做法都相同。

3 制作酸奶鲜奶油霜：在制作的前一天，将酸奶放在铺了厨房用纸巾的筛网中，过筛去除水分（**a**），取25g（若分量不足，加入下方沥出的水至总量为25g）。

4 参照P.15制作9分发的鲜奶油霜（拿起打蛋器时，鲜奶油霜出现挺立的角），加入3，用刮刀混拌均匀。

5 用汤匙舀取4的酸奶鲜奶油霜，放在2的戚风蛋糕上，用薄荷装饰即完成。

a

纪念日的杯子蛋糕③

适合当作结婚贺礼或是作为婚后派对的小点心！

Happy Wedding

 做法

1. 参照英文字母杯子蛋糕（P.36），制作出大、中、小型的圆形玛芬。

2. 每个玛芬上方淋上糖霜，覆盖表面。

3. 在流下来的糖霜前端，用彩色糖珠装饰，小玛芬用粉红色、中玛芬用粉红色和紫色、大玛芬用紫色，呈现色彩的阶段变化。

4. 将玛芬用糖霜接合，静置待糖霜干燥。

5. 用塑形巧克力（参照P.19）制作花圈和彩带：将塑形巧克力着色成粉红色，擀成厚0.2cm片状，分别切出2.5cm×5cm×10片（花圈用）、2.5cm×30cm×2片（彩带用）。

6. 将彩带用糖霜接合成从顶端垂下来的样子。用糖霜接合出5个圆圈，再用糖霜固定在玛芬顶端，围成一圈，第二圈围4个圆圈，最上方接合1个圆圈，黏合出一个大花朵即完成。

Part.4

当季的
杯子蛋糕

配合季节和特殊的节日制作出的杯子蛋糕，其丰富的色彩、可爱的模样，富含童趣，也超级吸引眼球！另外，其中使用了当季才会有的食材，让你大饱眼福之外，还能大饱口福，请一定要随着季节，做出符合时节的杯子蛋糕来好好品尝！

底座用三色戚风蛋糕，娃娃用草莓制作，完成女儿节装饰

女儿节

材料

（直径14.5cm×6.5cm×5cm的磅蛋糕纸模2个）

原味戚风蛋糕

- 蛋黄……1个
- 细砂糖……7g
- 色拉油……16g
- A 牛奶……20g
- 泡打粉……0.2g
- 蛋白……48g
- 细砂糖……20g
- 低筋面粉……24g

抹茶戚风蛋糕

A（与上述相同）
低筋面粉……22g
抹茶粉……2g

樱花戚风蛋糕

A（与上述相同）
低筋面粉……24g
樱花叶（盐渍）……1片
食用色素（红色）……适量

草莓……4颗
鲜奶油霜（参照P.15）……适量
奶油蛋白霜（参照P.14）……适量
食用色素（咖啡色·红色·黄色）……各适量

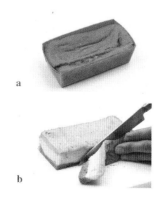

a

b

做法

1 制作台子：参照**基本的原味戚风蛋糕**（P.12）的做法，制作原味戚风蛋糕面糊。

2 参照P.12制作抹茶戚风蛋糕。事前准备时，将低筋面粉、抹茶粉和泡打粉混合过筛。之后的做法都相同，制作抹茶戚风蛋糕面糊。

3 参照P.12制作樱花戚风蛋糕。在做法**2**时，牛奶用红色的食用色素着色成深粉红色。

4 在进行做法**4**时，先将樱花叶洗去盐分，拧干后切碎，加入低筋面粉中，之后的做法都相同，制作樱花戚风蛋糕面糊。

5 在磅蛋糕模中依序挤入**4**的樱花戚风面糊、**1**的原味戚风面糊、**2**的抹茶戚风面糊，各挤入40g，抹平呈层状排列。

6 将模型由高处放手，使其落在桌子上，敲打至去除大气泡，放入180℃的烤箱中烘烤15分钟，烤至表面裂缝处带有些许焦痕。

7 烘烤完成取出后，倒放在蛋糕网架上，静置放凉。

8 完全冷却后（**a**），用刀子辅助，让蛋糕脱模。

9 将蛋糕四边修除，再修整至草莓娃娃可以摆在上面的大小（**b**）。

10 制作娃娃：草莓连蒂，在2：8的位置切开。将鲜奶油霜填入装了圆形挤花嘴的挤花袋中，在切口处挤出大圆点，上方摆上草莓蒂。若草莓下方较尖，要稍微修平，让娃娃能够立起。

11 用深咖啡色的奶油蛋白霜画出眉毛、眼睛、嘴，用粉红色的奶油蛋白霜画出脸颊，用淡咖啡色的奶油蛋白霜画出笏（左），用黄色的奶油蛋白霜画出扇子（右）。

12 将**11**的娃娃放在**9**的台子上即完成。

将海边的回忆画成图画日记……

欢乐暑假

西瓜

材料（直径4.5cm×高4cm的纸模8个）

可可戚风蛋糕（参照P.41）……8个

薄荷鲜奶油霜

    鲜奶油霜（参照P.15）……适量

    薄荷利口酒……少许

    食用色素（绿色）……适量

巧克力酱（市售）……适量

做法

1 制作薄荷鲜奶油霜：将薄荷利口酒和鲜奶油霜混合，加入绿色的食用色素，着色成绿色。

2 将薄荷鲜奶油填入装了圆形挤花嘴的挤花袋中，在可可戚风蛋糕中心挤成半圆球状。

3 巧克力酱放入挤花袋中，在薄荷鲜奶油霜上挤出波浪曲线即完成。

寄居蟹

材料（直径4.5cm×高4cm的纸模8个）

基本的原味戚风蛋糕（参照P.12）……8个

酸奶慕斯

　　┌ 吉利丁粉……3g
　　└ 水……12g
　　原味酸奶……230g（沥干后剩115g）
　　糖粉……30g
　　淡奶油（35%）……90g
鲜奶油霜（参照P.15）……适量
草莓……8个
奶油蛋白霜（参照P.14）……适量
食用色素（红色·黄色·咖啡色）……各适量

做法

1　制作酸奶慕斯：吉利丁粉倒入水中，静置至膨胀备用。

2　调理盆内放入酸奶、糖粉搅拌均匀，隔水加热至人体温度（约36.5℃）。将1隔水加热至溶解，过筛后倒入调理盆中，再隔冰水冷却至24℃。

3　将淡奶油打至8分发，加入2中，稍微拌匀后改用刮刀，混拌成光滑绵密状。

4　将3倒在原味戚风蛋糕上，放入冰箱冷藏至凝固。

5　鲜奶油霜着色成粉红色，填入装了圆形挤花嘴的挤花袋中，在适当位置，以从外向中心螺旋往上的方式，挤成冰淇淋状。

6　鲜奶油霜用红色和黄色食用色素调色后，填入装了圆形挤花嘴的挤花袋中，在粉红色鲜奶油霜旁的位置，挤出水滴形。

7　将草莓对半切开，再切出缺口，放在两侧。

8　在6上，用深咖啡色奶油蛋白霜画出眼睛、嘴巴，用粉红色奶油蛋白霜画出脸颊即完成。

海水浴

材料（口径7cm×高6cm的玻璃杯10个）

基本的原味戚风蛋糕（参照P.12）……10个

杧果慕斯

　　杧果果酱……200g
　　细砂糖……50g
　　┌ 吉利丁粉……6g
　　└ 水……24g
　　淡奶油（35%）……200g

绿色果冻

　　水……250g
　　柠檬汁……12g
　　细砂糖……50g
　　┌ 吉利丁粉……15g
　　└ 水……60g
　　食用色素（绿色）……适量
猕猴桃……3个
杧果……1个

事前准备 ─────────

●吉利丁粉倒入水中，静置至膨胀。

做法

1　参照P.43的"草莓慕斯"制作出杧果慕斯。玻璃杯中放入原味戚风蛋糕，倒入慕斯，放入冰箱冷藏至凝固。

2　制作绿色果冻：在锅中放入水、柠檬汁、细砂糖，加热至80℃时熄火，加入事前准备的吉利丁拌至溶解。

3　放入绿色食用色素着色成绿色，一边过筛一边倒入容器中，冷却至凝固后，切成小丁。

4　杧果去皮后切丁；猕猴桃去皮，切成厚1cm片，中间用圆形模挖出圆洞。

5　将3放在1上，再用4的水果装饰即完成。

装满秋天风味的杯子蛋糕
三色蒙布朗

栗子蒙布朗

材料（直径4.5cm×高4cm的纸模8个）

可可戚风蛋糕（参照P.41）……8个

蒙布朗鲜奶油霜

 ┌ 栗子泥……300g
 A 卡士达奶油酱（参照P.16）……180g
 └ 鲜奶油霜（参照P.15）……60g

卡士达奶油酱……120g

淡奶油……64g

糖粉……适量

栗子……4个

蒙布朗专用
条状挤花嘴

做法

1　制作蒙布朗鲜奶油霜：将材料A放入调理盆中，用刮刀仔细拌匀。

2　在戚风蛋糕上涂一层卡士达奶油酱，鲜奶油霜填入装了圆形挤花嘴的挤花袋中，在中央挤出小圆球。

3　将1的蒙布朗鲜奶油霜填入装了蒙布朗专用条状挤花嘴的挤花袋中，绕着2的圆球周围挤一圈（a）。

4　继续向上画同心圆，直到鲜奶油被覆盖为止（b）。

5　糖粉过筛撒在蒙布朗上，用切半的栗子装饰即完成。

抹茶蒙布朗

材料（直径4.5cm×高4cm的纸模8个）

抹茶戚风蛋糕（参照P.45）……8个

抹茶鲜奶油霜

 抹茶粉……42g
 牛奶……6g
 鲜奶油霜（参照P.15）……430g

卡士达奶油酱（参照P.16）……120g

鲜奶油霜（参照P.15）……64g

蜜豆……适量

金箔（食用）……适量

做法

1　制作抹茶鲜奶油霜：在小调理盆内放入抹茶粉，牛奶煮滚后，分数次加入，仔细搅拌均匀。

2　用滤网过筛，待冷后，加入鲜奶油霜中，混拌均匀。

3　在戚风蛋糕上涂一层卡士达奶油酱，鲜奶油霜填入装了圆形挤花嘴的挤花袋中，在中央挤出小圆球。将2的抹茶鲜奶油霜填入装了蒙布朗专用条状挤花嘴的挤花袋中，从外往内以螺旋状挤出，直到鲜奶油霜被覆盖为止，最上方用蜜豆、金箔装饰即完成。

紫芋蒙布朗

材料（直径4.5cm×高4cm的纸模8个）

紫芋戚风蛋糕	紫芋鲜奶油霜
┌ 蛋黄……1个	┌ 紫芋泥……300g
└ 黑糖……7g	A 卡士达奶油酱……180g
色拉油……16g	└ 淡奶油……60g
牛奶……20g	卡士达奶油酱（参照P.16）
柠檬汁……5g	……120g
低筋面粉……21g	鲜奶油霜（参照P.15）
紫芋粉……3g	……64g
泡打粉……0.2g	防潮糖粉……适量
┌ 蛋白……48g	
└ 细砂糖……20g	

做法

1　参照基本的原味戚风蛋糕（P.12）的做法，制作出戚风蛋糕。事前准备时，将低筋面粉、紫芋粉和泡打粉混合过筛。

2　在做法1中，用黑糖取代细砂糖；在做法3中加入柠檬汁；之后的做法都相同。

3　制作紫芋鲜奶油霜：将所有材料A放入调理盆中，用刮刀仔细拌匀。

4　在戚风蛋糕上涂一层卡士达奶油酱，鲜奶油霜填入装了圆形挤花嘴的挤花袋中，在中央挤出小圆球。将3的紫芋鲜奶油霜填入装了蒙布朗专用条状挤花嘴的挤花袋中，以直条状覆盖小圆球，再交叉覆盖。防潮糖粉过筛撒在蒙布朗上即完成。

万圣节杯子蛋糕

可爱中带点儿毛骨悚然的杯子蛋糕，要不要来一个呢？

妖怪

材料（直径5cm×高4cm的纸模7个）

南瓜玛芬

鸡蛋1个、麦芽糖8g、细砂糖72g、无盐黄油55g、牛奶60g、低筋面粉105g、南瓜粉45g、泡打粉6g、南瓜60g

鲜奶油霜（参照P.15）……适量

奶油蛋白霜（参照P.14）……适量

食用色素（咖啡色·红色）……各适量

做法

1 参照基本的原味玛芬（P.10）的做法，制作出玛芬。事前准备时，将低筋面粉、南瓜粉和泡打粉混合过筛。南瓜摆在耐热器皿上，沥上少许水，用保鲜膜稍微包起来，用微波炉加热至熟，去皮后切成1cm的丁。

2 之后的做法都相同。在做法**6**时，将粉类再次过筛后加入，并加入1中的南瓜丁，用刮刀轻轻拌匀。

3 将面糊舀入纸模中至7分满，放入180℃的烤箱中烘烤25分钟。

4 将玛芬上部朝下浸入鲜奶油霜中，角度调整成有一小块不会蘸到。将鲜奶油霜填入装了圆形挤花嘴的挤花袋中，在鲜奶油霜前方，挤出两个水滴形。

5 将咖啡色奶油蛋白霜填入挤花袋中，描绘出眼睛和嘴巴，再用粉红色奶油蛋白霜描绘出舌头即完成。

蝙蝠和蜘蛛网

材料（直径5cm×高4cm的纸模7个）

南瓜玛芬（参照上述）……7个

糖霜（参照P.17）……适量

食用色素（紫色）……适量

覆盖用巧克力（甜味）……适量

做法

1 糖霜用食用色素着色成紫色，参照P.36，让玛芬表面蘸满糖霜。

2 参照P.19制作巧克力装饰片，用糖霜贴在1的表面上。

南瓜妖怪

材料（直径4.5cm×高4cm的纸模8个）

南瓜玛芬（参照左述）……8个

南瓜鲜奶油霜

┌ 南瓜泥……300g

A 卡士达奶油酱（参照P.16）……180g

└ 鲜奶油霜（参照P.15）……60g

南瓜子……8粒

奶油蛋白霜（参照P.14）……适量

食用色素（咖啡色）……适量

做法

1 制作南瓜鲜奶油霜：将所有材料A放入调理盆中，用刮刀仔细拌匀。

2 将南瓜鲜奶油霜填入装了圆形挤花嘴的挤花袋中，从玛芬边缘往中心，挤出一圈水滴形。

3 在中心插入南瓜子。将深咖啡色的奶油蛋白霜填入挤花袋中，描绘出眼睛、鼻子和嘴巴。

魔女的帽子

材料（直径4.5cm×高4cm的纸模8个）

蓝莓戚风蛋糕

· 蛋黄1个、细砂糖7g

· 色拉油16g、牛奶20g、柠檬汁7g、低筋面粉24g、蓝莓粉10g、泡打粉0.2g

· 蛋白48g、细砂糖20g

· 新鲜蓝莓13g

蓝莓鲜奶油霜

· 鲜奶油霜（参照P.15）120g、蓝莓果酱12g、新鲜蓝莓……100颗

做法

1 参照基本的原味戚风蛋糕（P.12）的做法，制作出蓝莓戚风蛋糕。事前准备时，将低筋面粉、蓝莓粉和泡打粉混合过筛。

2 在做法**3**中加入柠檬汁；在做法**9**混合蛋白霜时，加入新鲜蓝莓一起混拌均匀。之后的做法均相同。

3 制作蓝莓鲜奶油霜：将鲜奶油霜和蓝莓果酱混拌均匀。

4 将3填入装了星形挤花嘴的挤花袋中，在蛋糕正中央挤出螺旋状，周围用蓝莓装饰即完成。

圣诞节杯子蛋糕

将杯子蛋糕装饰出圣诞节风情，像是圣诞老人、雪人等，非常赏心悦目，不妨发挥自己的创意，在圣诞节时，一起享受装饰的乐趣吧！（做法见P.74）

X'mas Cupcakes

礼物

材料（6.5cm×6.5cm×2.5cm的纸模3个）

可可玛芬

鸡蛋……1个
麦芽糖……8g
细砂糖……72g
无盐黄油……55g
牛奶……60g
低筋面粉……126g
可可粉……14g
泡打粉……6g
塑形巧克力……适量
食用色素（红色）……适量
糖霜（参照P.16）……适量

做法

1　参照基本的原味玛芬（P.10）的做法，制作出可可玛芬。事前准备时，将低筋面粉，可可粉和泡打粉混合过筛。

2　制作蝴蝶结：将塑形巧克力（参照P.19）着色成粉红色，擀成厚0.2cm片状，切成4cm×9cm的长方形共5片。

3　将其中2片（蝴蝶结上方）各自对折，再将前端折成M形后聚拢，多余的部分切除，做出2个半边蝴蝶结（**a**）。

4　将其中1片（中间的结）的长边往内折入0.5cm（**b**）。翻面后将两端捏出皱褶（**c**），往中间凹成弧状（**d**）。

5　将剩余2片（蝴蝶结下方）的一端斜斜切除，另一端做出皱褶。

6　在玛芬上挤出宽1cm的糖霜，左右摆上蝴蝶结下方飘带，中央放上中间的结，在结的凹折空心处，将3的半边蝴蝶结从左右插入，待糖霜凝固即完成（请参照下方插图）。

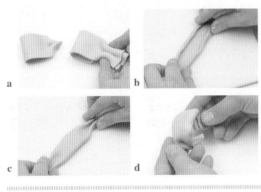

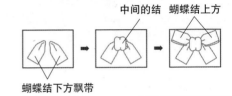

中间的结　蝴蝶结上方

蝴蝶结下方飘带

圣诞老人和鹿

材料（6.5cm×6.5cm×2.5cm的纸模3个）

原味戚风蛋糕的材料（参照P.12）……同量
草莓……9个
鲜奶油霜（参照P.15）……适量
巧克力鲜奶油霜（参照P.24）……适量
奶油蛋白霜（参照P.14）……适量
食用色素（咖啡色·红色）……各适量
覆盖用巧克力（甜味）……适量

做法

1　参照基本的原味戚风蛋糕（P.12）的做法，制作出戚风蛋糕面糊，舀入纸模中（每个40g），放入烤箱烘烤。

2　草莓切薄片铺在1上，挤上鲜奶油霜，用抹刀整平。

3　制作圣诞老人和鹿：草莓去蒂，在1/3处切开，分成身体和帽子部位。圣诞老人在切口处，挤出球状，盖上帽子。鹿在切口处，用巧克力鲜奶油霜挤出水滴形。

4　将奶油蛋白霜填入挤花袋中，在帽子最上方及边缘处挤出小圆点，用装了星形挤花嘴的挤花袋挤出胡子。

5　用深咖啡色奶油蛋白霜挤出眼睛和嘴巴，用红色和粉红色奶油蛋白霜分别挤出鼻子和脸颊。鹿用深咖啡色奶油蛋白霜挤出眼睛和鼻子，用粉红色奶油蛋白霜挤出脸颊。用覆盖用巧克力（P.19）做出鹿角造型的巧克力装饰片，插入巧克力鲜奶油霜中。

6　将鲜奶油霜填入装了圆形挤花嘴的挤花袋中，在圣诞老人和鹿的周围挤出圆球状装饰即完成。

花朵

材料（直径4.5cm×高4cm的纸模6个）
花生巧克力玛芬

鸡蛋……1个
麦芽糖……8g
细砂糖……72g
无盐黄油……55g
牛奶……60g
低筋面粉……150g
泡打粉……6g
花生酱……93g
耐热巧克力豆……50g
抹茶鲜奶油霜（参照P.69）……适量
银色糖珠、心形糖粒……各适量

做法

1 参照**基本的原味玛芬**（P.10）的做法，制作花生巧克力玛芬。做法**1～4**均相同。

2 调理盆中放入花生酱，加入少许1的面糊，用打蛋器拌匀。

3 将2倒回1中，仔细混拌均匀。

4 事先筛过的粉类材料，再次边过筛边加入调理盆中，迅速拌匀，再加入耐热巧克力豆拌匀，之后的做法均相同。

5 将抹茶鲜奶油霜填入装了星形挤花嘴的挤花袋中，在外围挤上一圈，撒上银色糖珠、心形糖粒装饰即完成。

雪人

材料（直径4.5cm×高4cm的纸模6个）
花生巧克力玛芬（参照上述）……6个
鲜奶油霜（参照P.15）……适量
颗粒状棉花糖……6颗
苏打糖·雪花糖片……各适量
奶油蛋白霜……适量
食用色素（咖啡色·红色）……各适量

做法

1 将坞芬上部朝下浸入鲜奶油霜中，蘸满后，用雪花糖片装饰周围，放上2粒苏打糖当作纽扣。

2 摆上棉花糖，用深咖啡色奶油蛋白霜画出眼睛和嘴巴，用粉红色奶油蛋白霜画出脸颊即完成。

圣诞树

材料（直径4.5cm×高4cm的纸模7个）
抹茶和巧克力核桃玛芬

抹茶粉10g、细砂糖72g、牛奶60g、鸡蛋1个、麦芽糖8g、无盐黄油55g、低筋面粉140g、泡打粉6g、核桃烤边40g、耐热白巧克力豆40g
鲜奶油霜（参照P.15）……适量
星形糖粒……7粒
混色薄荷糖珠……适量

事前准备

●将低筋面粉和泡打粉混合过筛。
●烤箱预热至180℃。

做法

1 调理盆中放入抹茶粉，加入1撮细砂糖（分量内），用打蛋器拌匀。加入温热至50℃的牛奶（半量），先大致拌匀，再加入剩下半量的牛奶，搅拌均匀，用滤网过筛。

2 调理盆中放入蛋、麦芽糖及剩下的细砂糖，用打蛋器搅拌至颜色变白。

3 加入黄油和步骤1，搅拌均匀。

4 事先筛过的粉类材料，再次边筛边加入调理盆中，迅速混合，加入大致切碎的核桃和白巧克力豆，搅拌均匀。

5 将面糊舀入纸模中至7分满，放入180℃的烤箱中烘烤20分钟。

6 鲜奶油霜填入装了星形挤花嘴的挤花袋中，从下方往上，在玛芬上挤成螺旋状，最上面放上星形糖粒，周围撒上混色薄荷糖珠装饰即完成。

充满新年喜悦的杯子蛋糕

新年杯子蛋糕

门松

材料（直径4.5cm×高4cm的纸模8个）

黄豆粉玛芬

 鸡蛋……1个

 麦芽糖……8g

 细砂糖……72g

 无盐黄油……55g

 牛奶……60g

 低筋面粉……150g

 黄豆粉……20g

 泡打粉……6g

抹茶鲜奶油霜（参照P.69）……适量

巧克力卷心棒……3根

做法

1 参照**基本的原味玛芬**（P.10）的做法，制作出黄豆粉玛芬。事前准备时将低筋面粉、黄豆粉和泡打粉混合过筛。之后的做法均相同。

2 将抹茶鲜奶油霜填入装了叶片形挤花嘴的挤花袋中，从1的玛芬中心点向外侧挤出叶子形（a）。

3 往上堆叠2层（b）。巧克力卷心棒每根斜切成8段，每个杯子蛋糕插上3根即完成。

叶片形挤花嘴

栗金饨

材料（直径4.5cm×高4cm的纸模8个）

原味戚风蛋糕（参照P.12）……8个

鲜奶油霜（参照P.15）……适量

糖渍栗子……适量

南天竹叶……适量

做法

1 将鲜奶油霜填入装了圆形挤花嘴的挤花袋中，在原味戚风蛋糕上，挤出圆球状。

2 在鲜奶油霜周围放上糖渍栗子。

3 在鲜奶油霜上放1片南天竹叶装饰即完成。

黑豆

材料（直径4.5cm×高4cm的纸模8个）

鸡蛋……1个

麦芽糖……8g

细砂糖……72g

无盐黄油……55g

牛奶……60g

低筋面粉……150g

黄豆粉……20g

泡打粉……6g

黑豆……面糊用50g，装饰用10g

做法

1 参照**基本的原味玛芬**（P.10）的做法，制作出黑豆玛芬。事前准备时，将低筋面粉、黄豆粉和泡打粉混合过筛。

2 做法8时加入面糊用的黑豆，用刮刀拌匀。

3 之后的做法均相同，将面糊舀入纸模中至7分满，摆上装饰用的黑豆，再放入烤箱中烤热即完成。

充满浓浓的爱，请收下我的一片心意

情人节蛋糕

巧克力核桃玛芬

材料（直径5.5cm×高4.5cm的纸模4个）

"可可玛芬"的材料（参照P.74）……同量
核桃……10g
杏仁……20g

做法

1. 将核桃、杏仁烤过（各留少许当装饰），切成粗碎状。
2. 参照**基本的原味玛芬**（P.10）的做法，制作出可可玛芬。事前准备时，将低筋面粉、可可粉和泡打粉混合过筛，继续操作到做法**8**，粉类拌匀后，加入切碎的核桃、杏仁搅拌均匀。
3. 将2舀入纸模中至7分满，摆上装饰用的核桃、杏仁，放入180℃的烤箱中烘烤20分钟即完成。

心形巧克力蛋糕

材料（11cm×2.5cm的心形陶器1个）

"可可戚风"的材料（参照P.41）……同量
巧克力鲜奶油霜（参照P.24）……适量
草莓·红醋果·覆盆子……各适量

做法

1. 参照**基本的原味戚风蛋糕**（P.12）的做法，制作出可可戚风蛋糕。事前准备时，将低筋面粉、可可粉和泡打粉混合过筛。之后的方法均相同，将面糊舀入心形模型中，再用烤箱烘烤。
2. 表面薄薄地涂上巧克力鲜奶油霜。将巧克力鲜奶油霜填入装了星形挤花嘴的挤花袋中，在周围挤上藤蔓花纹。
3. 中间平均地放上各种新鲜水果即完成。

岩浆巧克力蛋糕

材料（直径8cm×高5cm的圆形陶杯3个）

调温巧克力……120g
无盐黄油……65g
鸡蛋……2个
细砂糖……81g
可可粉……24g
核桃（烘烤过后，粗略切碎）……33g
糖粉（不溶于水）……适量

做法

1. 将调温巧克力切碎，和黄油一起放入调理盆中，隔水加热至熔化。
2. 在另一调理盆中放入鸡蛋、细砂糖打散，隔水加热至人体温度。
3. 将2用电动打蛋器打发至呈现滑顺带状，转低速，继续打发至泡沫变得细致绵密柔滑。
4. 将1调节至32~35℃，加入可可粉，用打蛋器混拌均匀。
5. 将4倒入3中，用刮刀混拌均匀，待面糊出现光泽后，加入核桃拌匀。
6. 舀入陶杯中至8分满，放入180℃的烤箱中烘烤10~12分钟。取出后，用滤网筛上糖粉即完成。

星形挤花嘴，口径有各种大小，可依不同需求来使用。

Original Japanese title:KAWAII CUPCAKE

©Masahito Motohashi 2012

Original Japanese edition published by Nitto Shoin Honsha Co.,Ltd.

Simplified Chinese translation rights arranged with Nitto Shoin Honsha Co.,Ltd.

through The English Agency(Japan)Ltd.and Eric Yang Agency

图书在版编目（CIP）数据

可爱杯子蛋糕 /（日）本桥雅人著；谭颖文译. —沈阳：
辽宁科学技术出版社，2016.3
ISBN 978-7-5381-9548-4

Ⅰ.①可… Ⅱ.①本… ②谭… Ⅲ.①蛋糕—糕点加
工 Ⅳ.①TS213.2

中国版本图书馆CIP数据核字（2015）第319467号

出版发行：辽宁科学技术出版社
（地址：沈阳市和平区十一纬路 29 号 邮编：110003）
印 刷 者：辽宁新华印务有限公司
经 销 者：各地新华书店
幅面尺寸：168mm×236mm
印 张：5
字 数：100 千字
出版时间：2016 年 3 月第 1 版
印刷时间：2016 年 3 月第 1 次印刷
责任编辑：康 倩
封面设计：袁 舒
版式设计：袁 舒
责任校对：尹 昭

书 号：ISBN 978-7-5381-9548-4
定 价：28.00 元